大自然为什么

探秘水边

王元容·张涵易·何佳芬 / 文　陈振丰 / 摄影

海峡出版发行集团　THE STRAITS PUBLISHING & DISTRIBUTING GROUP | 福建少年儿童出版社　FUJIAN CHILDREN'S PUBLISHING HOUSE

大自然为什么

探秘水边

扫码看完整视频

为什么螃蟹会横着走?

扫码看视频

螃蟹会横着走，和它的身体构造有密切的关系哟！螃蟹有5对脚，位在前方的大螯用来吃东西以及抵御敌人，后面4对步足则是走路、奔跑、攀爬、游泳的工具。步足长在身体的两侧，每一只步足由7个小节组成，只有靠近身体的前两三节能够转动，其他都只能向下弯曲，不能转动，由于螃蟹的身体是长方形或方形的，所以螃蟹横着走会较省力，移动速度也会比较快。

并不是所有的螃蟹都横着走，也有可以向前直行的螃蟹。有些身体长宽大致相同、体形圆的螃蟹，它们的步足关节能够转动的角度比一般的螃蟹要大，加上脚的分布呈辐射状，便可向四面八方移动，因此行进方向以向前直行为主。豆形拳蟹、和尚蟹还有蜘蛛蟹科的螃蟹都是向前直行的螃蟹。

▶和尚蟹

（图片提供／达志影像）

移动专长比一比

不同种类的螃蟹，移动能力和方式也不一样，它们各有所长，有的很会奔跑，有的擅长爬行，有的专长是游泳，一般可以分为游泳型、快跑型、慢走型和攀爬型。

(摄影／萧一真)

游泳型螃蟹

流线型的身体，部分或所有步足呈扁平状，可以像桨一样在水中划动，使身体上浮或前进，如梭子蟹科和黎明蟹属的螃蟹。

快跑型螃蟹

外壳轻薄，脚细又长，而且步足的最后一节较长，因此跑得很快，比如生活在沙滩的角眼沙蟹，是沙滩上的飞毛腿。

慢走型螃蟹

　　外壳厚重，脚粗短强壮，无法快速移动，但是方便躲藏在石缝中，如皱纹团扇蟹。

攀爬型螃蟹

　　步足的侧缘有锐刺，能牢牢地攀住海藻或岩礁，适合在礁石上面攀爬，如裸掌盾牌蟹。

为什么寄居蟹需要壳？

扫码看视频

海边的岩缝里，有什么东西在动？仔细一看，是一个正在移动的小贝壳，贝壳里还伸出几只小小的脚。啊！原来是寄居蟹！为什么寄居蟹需要壳呢？

寄居蟹的头和螯足都有坚硬的甲壳保护，但腹肢和尾节却非常柔软，很容易受伤，所以寄居蟹会钻进硬硬的贝壳里，来保护自己的身体。当寄居蟹逐渐长大，原本的壳住不下了，就会寻找另一个适合自己的新壳搬进去。就像我们长大了，旧衣服穿不下，要换件大的新衣服一样。

螯足

腹肢

尾节

头

（本页摄影／张义文）

寄居蟹借住的壳，是贝类的壳。贝类长大时，壳也跟着长大，不同贝类的壳外形不同，颜色也不一样。贝类死后，身体腐烂了，壳却不会消失，所以海边就有了大大小小的贝壳。寄居蟹喜欢螺旋状、大小适合的贝壳，这样的贝壳不仅能让寄居蟹住得舒舒服服，还能储存水分，让寄居蟹的身体保持湿润。寄居蟹在搬进新壳前，会先用螯足把壳里的沙子和脏东西清出来，把壳清理得干干净净再住进去。

动物的壳比一比

很多动物都用坚硬的壳来保护身体，它们都像寄居蟹一样需要换壳吗？

蜗牛的壳

蜗牛的壳会随着身体一起长大，为了得到制造壳用的碳酸钙，蜗牛会吃石头来补充钙质。天气太干或太冷的时候，蜗牛会躲到落叶或泥土下，缩进壳里睡觉。有些蜗牛还会分泌黏液封住壳口，防止水分流失。

龟的壳

龟的壳其实是骨骼的一部分，会跟着身体长大，就像我们的肋骨一样，保护着龟的内脏，所以龟没办法离开龟壳。龟壳分布着血管和神经，如果龟壳受伤，龟也会觉得痛。

（图片提供／达志影像）

10

螃蟹的壳

螃蟹的壳称为外骨骼，不会跟着身体一起长大，所以螃蟹需要蜕壳来长大。刚蜕壳时，螃蟹的新外壳是软的，几天之后才会变硬。有些螃蟹会吃蜕掉的旧壳来补充钙质。

（摄影／刘烘昌）

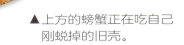

▲ 上方的螃蟹正在吃自己刚蜕掉的旧壳。

犰狳（qiú yú）的壳

犰狳是唯一有壳的哺乳动物，它的壳由许多小鳞甲组成，这种由骨质组成的鳞甲上有硬硬的角质层，鳞甲和肌肉连在一起，可以自由伸缩。当犰狳遇到危险时，会缩成一团球，用硬壳来抵抗敌人的攻击。

（图片提供／达志影像）

11

为什么不要捎贝壳？

扫码看视频

（图片提供／达志影像）

　　我们到海边，总是会看到一些空的贝壳。很多人看到漂亮的贝壳，会忍不住想把它捡回家，但读了上一篇文章，我们知道，这些空贝壳很可能是寄居蟹的家呢！

　　如前文所述，寄居蟹本身并没有壳，所以它们会找空贝壳住进去，背着壳到处走，遇到危险，还可以躲进壳里。寄居蟹身上的壳除了可以保护它柔软的身体，还能够避免寄居蟹被敌人捕食，因此壳对寄居蟹来说是非常重要的。由于寄居蟹的身体会长大，壳却不会跟着长大，所以寄居蟹要不断地换新壳。

所以，如果贝壳越来越少，寄居蟹就没有贝壳可以换了！当寄居蟹找不到壳，就只能从海边人们丢弃的垃圾里找瓶盖或塑料罐住进去，但是这些东西不够坚固，也不像贝壳那样适合寄居蟹的体形，更不能储存水分，导致寄居蟹无法顺利长大，数量也越来越少。

所以下一次到海边的时候，记得把垃圾带走，把贝壳留下，不要把它们捡回家哟！

（摄影／张义文）

（图片提供／达志影像）

贝类比一比

通称

壳

怎么移动

怎么吃东西

生活地区

家族成员

海边的空贝壳都是贝类的壳，贝类是身体柔软滑润、不分节、有碳酸钙质外壳的软体动物。这些贝类主要属于软体动物门中的腹足纲与双壳纲，它们在成长过程中会不断分泌碳酸钙生成保护身体的壳。壳会随着贝类动物的身体慢慢变大，当这些贝类死掉，身体腐烂了，就会剩下空的壳。

你知道腹足纲和双壳纲分别有哪些动物吗？它们有哪些地方不一样？

双壳纲	腹足纲
双壳贝	单壳贝，又称为螺
有两片外壳（中间有可以自由收缩的闭壳肌，让双壳可以完全密合）	有一个螺旋状的壳（寄居蟹身上背的壳，通常都是螺状壳）
利用斧头状的斧足，以一伸一缩的方式移动	利用腹足的伸展，收缩前进
利用黏膜道以及触须过滤水中的微生物	利用齿舌进食
海洋或淡水区域	陆地、海洋或淡水区域
蛤蜊、河蚬、牡蛎等	蜗牛、宝螺、蝾螺等

（摄影／萧一真）

（图片提供／达志影像）

为什么龟壳上有一圈一圈的纹路？

扫码看视频

　　龟身上的硬壳，是身体的防护罩，遇到危险时，只要把头和四肢缩进壳里，就是最好的防敌妙招。龟壳除了有保护的功能，还藏着一个小秘密！

　　龟壳的最外层是一层角质层，称为盾片。盾片在生长时会产生一圈圈的纹路，叫作生长轮，就像树木的年轮一样，能作为判断龟年龄的参考。每一轮代表一岁，龟的年纪越大，生长轮也越多。不过如果生长轮太密或龟壳磨损，就无法准确地数出生长轮了。此外，因为盾片角质堆积方式的不同，海龟并没有生长轮。

▲龟壳上一圈圈的生长轮，可以看出龟的年龄，但若生病或营养缺乏，则会影响生长轮的准确度。（摄影／陈添喜）

▲龟壳连着龟的脊椎，所以不能和身体分开，会随着身体长大。（摄影／卓登）

▲乌龟们一起爬上岸晒太阳。（图片提供／达志影像）

厚厚的壳是龟的骨骼，所以不能和身体分开，会随着身体长大。龟壳分成内外两层，外层是盾片，内层则是被称为骨板的片状骨骼，里面分布着血管和神经。龟背部的壳叫背甲，腹部的壳叫腹甲，连接背甲与腹甲的部位叫甲桥。背甲与腹甲上都有花纹，不同种类的龟，花纹也不一样。

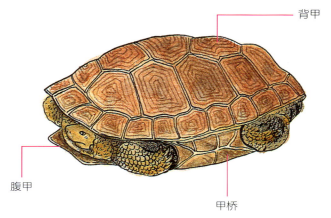

背甲

腹甲

甲桥

龟的种类

世界上的龟总共有 300 多种，依生长环境可分为淡水龟、陆龟和海龟，你知道它们有哪些地方不一样吗？

陆龟

生活在草原、森林，甚至是沙漠里

形 背甲高且呈圆拱形
四肢粗壮，适合爬行，头和四肢有明显的鳞片

食 大多是草食性，但也有杂食性

淡水龟

生活在溪流、池塘、湖泊，甚至水沟等淡水水域

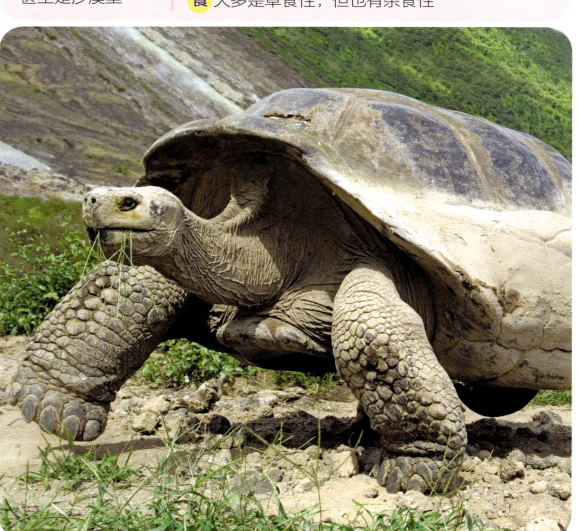

▲加拉帕戈斯象龟是世界上最大的陆龟，体长约 150 厘米，重约 175 千克，寿命超过百年。它们能把水分储存在膀胱和心脏，可以不吃不喝长达一整年。

（本页图片提供 / 达志影像）

形 较扁，能减少水中的阻力
四肢有蹼，适合划水

食 大多是杂食性

海龟

生活在海中，只有母龟
产卵时才会上岸

形 扁而平滑，能排开水流
无法把头和四肢缩入壳中
四肢像船桨一样，非常擅长游泳

食 肉食、草食和杂食性都有

▲ 红耳龟又称巴西龟，是常见的宠物龟。由于宠物弃养等原因，巴西龟在野外大量繁殖，且作为外来入侵物种，没有天敌，造成严重的生态问题。

▲ 绿海龟是海龟中体形较大的一种，绿海龟的壳并不是绿色的。之所以叫绿海龟，是因为它们吃海草而累积了许多叶绿素在脂肪里，导致脂肪呈墨绿色。

珊瑚是动物还是植物？

扫码看视频

　　热带和亚热带地区的浅海中，常常出现色彩缤纷的珊瑚群，有的黄，有的蓝，有的紫，有的红；有的长得像树枝，有的像一朵花，还有的像鹿角。这些五颜六色、千姿百态的珊瑚在海底构成了巧夺天工的水下花园。珊瑚聚集形成珊瑚礁之后，会吸引很多生物，热带鱼、海葵、海星、贝类、虾蟹等都会到此居住、觅食，形成一个物种丰富多元的生态平衡环境，因此珊瑚礁又有"海底热带雨林"之称。

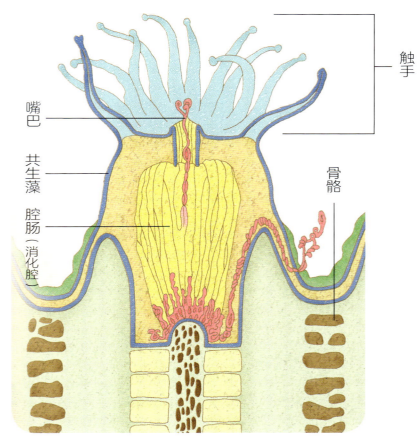

珊瑚虫靠水流和自己摆动触手捕捉小虾蟹和浮游生物，再送进嘴里。

珊瑚虫构造图

触手

嘴巴

共生藻

腔肠（消化腔）

骨骼

很多人常误以为珊瑚是植物，因为珊瑚看起来没有眼睛、嘴巴和手脚，不会走，也不会发出声音，但其实珊瑚是一种刺胞动物。我们看到的珊瑚是由许多只珊瑚虫聚集在一起所形成的珊瑚体。珊瑚虫是构造简单的生命体，每一只单独的珊瑚虫个体称为水螅体，呈圆筒形，底部固定附着在岩石上，另一端则是嘴部。珊瑚虫的嘴周围有排列成辐射状的触手，触手上分布着刺细胞，刺细胞会分泌毒液，能麻痹或毒死猎物。珊瑚虫平常会张开触手随

水流摆动，但只要一抓到猎物，就会马上缩成像花苞一样的形状，顺势将猎物卷进腔肠中消化，消化后的废物会再经由嘴部排出。

若以外形来看，珊瑚可分为石珊瑚和软珊瑚两大类。石珊瑚摸起来硬硬的，触手的数目是6或6的倍数。石珊瑚又可分为造礁珊瑚和非造礁珊瑚。软珊瑚摸起来软软的，触手的数目是8或8的倍数。无论是石珊瑚还是软珊瑚，都会分泌碳酸钙形成骨骼。只是石珊瑚的骨骼会不断累积连在一起，形成一大块；软珊瑚则是由碳酸钙形成的小骨针来提供支撑，这些不相连的小骨针只有几毫米大小。

大多数的石珊瑚和软珊瑚体内都有可以吸收阳光、进行光合作用的共生藻，这些共生藻会把光合作用制造的养分与珊瑚共享，而珊瑚则提供共生藻居住的处所，两者形成互利关系。

生长环境	海洋
生长方式	附着型 大多群生
食 性	肉食性
触手数量	6或8的倍数
外观颜色	五颜六色

生长环境	大多在海洋
生长方式	游动型 多独自生长
食 性	肉食性
触手数量	可多达数百
外观颜色	透明状

除了部分生活在淡水中的水螅之外，大部分刺胞动物都生活在海洋里，如珊瑚、海葵和水母等。你知道它们有什么不同吗？

珊 瑚

海 葵

生 长 环 境	海洋
生 长 方 式	附着型 大多独自生长
食 性	肉食性
触 手 数 量	6 的倍数， 多达上千
外 观 颜 色	五颜六色

水 母

水 螅

生 长 环 境	海洋或淡水
生 长 方 式	附着型 大多独自生长
食 性	肉食性
触 手 数 量	6 或 8 的倍数
外 观 颜 色	绿色、棕色或灰色

云是怎么来的?

扫码看视频

抬头看看天空,我们可以看到云。轻飘飘的云,有时像绵羊,有时像羽毛,有时又像一座高大的城堡,你们知道云是怎么来的吗?

当太阳升起照射大地,海洋、湖泊、河川里的水就会蒸发成我们肉眼看不到的水蒸气往上飘。由于高空中的温度比较低,水蒸气遇到冷空气,会附着在空气中飘浮的微小粒子上并凝结成小水滴,而当高空的温度低于零下40℃时,小水滴就会凝结成很小很小、只

有雨滴一百万分之一的小冰晶,许多小水滴和小冰晶聚集在天空飘浮,这就是云。由于云是由很多小水滴或小冰晶组成的,所以有人把云的组成分为三类:一是完全由小水滴所组成的水滴云,二是完全由小冰晶所组成的冰晶云,三是由小水滴和小冰晶共同组成的混合云。

▶小水滴越聚越多,云就越来越厚。
（摄影／李竹旺）

24

有时候，天空会出现无云的状况，那是因为水蒸气不够多，所以无法聚集成云。但如果水蒸气够多，空气却不够冷，水蒸气无法凝结成小水滴，也无法聚集成云。

（图片提供／达志影像）

25

（摄影／李竹旺）

（图片提供／达志影像）

云是地面上的水经过太阳照射蒸发成水蒸气、上升到高空中凝聚而成的。当云层中的小水滴不停地碰撞、吸收、合并，就会不停地变大、变重，等重量超过空气浮力，这些小水滴就会掉下来形成雨。雨落到地上，渗进泥土变成地下水，再从岩石的缝隙中不断渗透出来，汇聚成山间的小溪流，小溪流又慢慢聚集成河流，流向大海。这些水再接受阳光照射，蒸发成水蒸气，升上高空变成了云……就这样不停地循环，地球上的水才能源源不绝。

云、雾比一比

是不是很想跳进云里看一看呢？其实穿进云里就和进浓雾区一样，里面一片雾茫茫。那么云和雾到底一样不一样呢？

（图片提供／达志影像）

	云	雾
形成原因	白天经过太阳照射蒸发的水蒸气，上升到高空遇到冷空气凝结成小水滴	白天经过太阳照射蒸发的水蒸气，在夜间气温下降的时候凝结成小水滴
形成的条件	有充分的水汽、空气变冷	有充分的水汽、空气变冷
在哪里	高空	靠近地面
抓得到吗？	不能	不能

为什么河马可以在水里待很久？

扫码看视频

（摄影 / 张义文）

河马的名字里虽然有个马字，长得却一点都不像马。它们白天时几乎都泡在水里，是一种半水生的哺乳类动物。一般人类只能在水中闭气 1 分多钟，河马却能潜水 3 分钟～5 分钟呢！

河马的鼻孔、眼睛和耳朵都长在头顶上，这样身体浸在水中时，只要稍微浮出水面，就能照常呼吸、看和听，这就是河马能在水里待很久的原因。

由于河马总是在水中活动，所以演化出特殊的耳朵和鼻孔。入水时河马的鼻孔会闭起来，耳朵也往后贴紧，防止进水；浮出水面换气时，河马会从鼻孔里喷出水花，并把耳朵上的水甩掉。河马的皮肤很怕干燥，所以不能离水太久。离水时，河马的身体会分泌一种红色的液体，看起来就像流血一样，所以常常被误以为是皮肤受伤。

河马体形巨大，移动速度却不慢。它们的脚有四趾，中间有肉蹼能帮助划水，可以在水中游泳，也可以闭气在水底行走。河马在陆地上奔跑的速度也不慢，虽然平常慢吞吞的，但河马全力短跑时，时速却能超过 30 千米，比人类快了 1 倍以上。

▲河马潜入水里时，鼻孔就会闭起来。（摄影／张义文）

▲河马皮肤分泌的红色液体，能防晒、保湿，还有杀菌的效果。（摄影／张义文）

◀河马长约 3 米，重约 1500 千克，1 天能吃掉几十千克的草。

潜水动物比一比

人类潜水时需要倚赖装备，那动物呢？有些动物具有适合潜水的体型，有些动物的血液中天然携带许多氧气……来看看这些擅长潜水的动物，各有什么样的潜水妙招吧？

抹香鲸

为了猎食，抹香鲸可以潜入海底1千米以下，并在深海中待超过1小时。抹香鲸的头又大又重，身体则相对较小且轻，这种体型很适合排开水流往下潜。抹香鲸天生阻塞的右鼻孔更形成一个空气储存室，让体内有更多的空气。

海蛇

海蛇的肺有它身体的一半长，除了能储存空气外，还可以调整浮力，控制身体下潜或上浮。海蛇的皮肤能在水里交换气体，将二氧化碳排出，并获得些许氧气，帮助海蛇在水中待得更久。

象鼻海豹

平均潜水深度为300米~600米。它们的肺活量不大，但血液的携氧量特别高，比肺部储存的氧气还多，这样即使不换气，象鼻海豹也能憋气约1小时。

潜鸟

一般鸟类为了减轻体重以利于飞行，大部分骨头是中空的。潜鸟却相反，它们有一部分骨头是实心的，能增加体重，让它们能潜入40多米深的水中猎食。脚趾上宽大的蹼，也是潜鸟游泳的好帮手。

（本页图片提供／达志影像）

海鬣（liè）蜥

海鬣蜥用长而扁平的尾巴游泳，是唯一能在海中觅食的蜥蜴。它们潜水时心跳会变慢，以减缓血液流动，不仅能降低氧气消耗，也减缓热量流失。

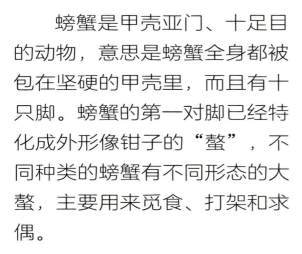

螃蟹的大螯有什么用处？

扫码看视频

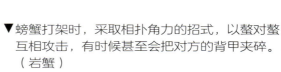

▼螃蟹打架时，采取相扑角力的招式，以螯对螯互相攻击，有时候甚至会把对方的背甲夹碎。（岩蟹）

螃蟹是甲壳亚门、十足目的动物，意思是螃蟹全身都被包在坚硬的甲壳里，而且有十只脚。螃蟹的第一对脚已经特化成外形像钳子的"螯"，不同种类的螃蟹有不同形态的大螯，主要用来觅食、打架和求偶。

螃蟹的大螯除了像人的手一样可以捡拾，也像筷子一样可以夹，还具有剪刀的功能，同时也是打架时的防身和攻击武器。有时候螃蟹只要张开大螯一挥，比比看谁的大螯大，就能够分出胜负。如果一定要打一架，螃蟹就会用大螯互夹或把对手掀倒。

（本页图片提供／达志影像）

绝大部分螃蟹属于杂食性动物，有些螃蟹以土壤中的有机质为食，它们利用大螯把沙子送入嘴里，筛取其中的有机质后再吐出来，这种进食方式称为筛食。部分肉食性螃蟹则利用大螯捕食其他小动物，并用大螯将食物撕裂后再送进嘴里。通常肉食性螃蟹的大螯比较大，强壮有力。爱吃贝类的螃蟹，大螯指端长得像开罐器般尖利，可以撬开贝壳。而在海边礁岸以海藻为食的螃蟹，大螯指端则呈汤匙状，方便它们用大螯刮下岩石上的海藻来吃。

▲ 身长只有 0.2 厘米的瓷蟹有一对几乎快比身体大的大螯，专门用来虚张声势以保护地盘。

▲ 石蟹主要吃贝类和其他螃蟹，它尖而有力的螯指是挖开贝壳的利器。

▼ 沙蟹公蟹的螯一大一小，螯指呈锯齿状。

一般来说，公螃蟹会有一只大螯比较大，母螃蟹有两只小螯，其中又以公招潮蟹的大螯特征最明显。招潮蟹是沙蟹科的一员，招潮蟹是因为常挥动大螯，仿佛在召唤潮水，因此而得名。由于招潮蟹挥动大螯的动作也很像拉小提琴，所以又被称为提琴手蟹。有些招潮蟹是上下垂直地挥动大螯，有些则是把大螯伸向外侧，向内、向外地挥动。

其实公招潮蟹挥动大螯并不是在召唤潮水，而是想要展现自己雄壮威武的一面，用来吸引母招潮蟹的注意。如果母招潮蟹有反应，公招潮蟹会用大螯推赶母蟹，并用小螯轻拍，将母招潮蟹带回洞里交配。科学家认为螃蟹挥舞大螯也有防卫的功能，警告其他螃蟹不要靠近。

▼公招潮蟹的大螯有的在右边，有的在左边，大螯是公招潮蟹求偶、打架的武器。

螃蟹和寄居蟹的名称中都有一个"蟹"字，身上也都有10只脚，但是外观和生活形态有很多不同的地方，一起来认识它们吧！

螃　蟹

寄居蟹

（摄影／张义文）

螃蟹		寄居蟹
甲壳亚门软甲纲十足目短尾下目	种类	甲壳亚门软甲纲十足目异尾下目
大部分生活在海洋，也有的生活在河口、溪流和陆地	环境	大部分生活在海洋，有少数生活在陆地
杂食性	食性	杂食性
型方，分头胸部及腹部，腹部萎缩	外形	体型长，分头胸部及腹部，腹部柔软
的腹部呈三角形，母的腹部呈圆形	公母	公的通常比母的大
会蜕壳，蜕一次壳身体就长大一些	壳	寄居在死亡的软体动物壳中，长大时需要换更大的壳

35

为什么螃蟹妈妈要抱卵？

扫码看视频

你知道怎么分螃蟹的公母吗？有些公蟹的大螯比母蟹大，有些公蟹的眼睛比较长，但最简单的方法是看腹部来分别。母蟹和公蟹的腹部为什么长得不一样呢？

▲公蟹腹部尖又窄。

▲母蟹腹部比较圆。（摄影／刘烘昌）

母蟹圆圆的腹部有个最重要的功能，就是储藏卵和保护小宝宝。螃蟹交配后，母蟹会把受精卵粘在腹部上，带着卵移动，保护卵不被敌人吃掉，这种行为称为抱卵。抱卵时，母蟹会常常用螯整理卵，直到卵成熟。如果有机会看到抱卵的螃蟹妈妈，可以仔细观察它的卵，颜色越深，就表示小螃蟹快要孵出来咯！

海蟹妈妈抱卵几个星期后，卵成熟了，海蟹妈妈来到海水中，让水流带走孵出的幼体。刚孵出的幼体非常小，一点都不像成蟹，称为蚤状幼体。它们成群结队在海里生活，吃浮游生物，要经过一次又一次的蜕壳，才会变得和爸妈越来越像。除了海蟹，许多平常在陆地上和淡水中生活的螃蟹，繁殖时也要回到海边释卵。但部分淡水蟹（如宫崎泽蟹）已经完全脱离海洋，这些淡水蟹因为卵黄大，能提供胚胎足够的营养，直接发育成具成蟹外形的幼蟹。蟹妈妈会继续把幼蟹抱在身上，直到它们第一次蜕壳才结束育幼的工作。

▲宫崎泽蟹会在母蟹腹部直接将卵孵化成幼蟹。

每种螃蟹产卵的数量都不一样，有些蟹卵又多又小，螃蟹妈妈会一次抱着几千几万甚至数百万的卵到处跑；有些蟹卵比较大，像一颗颗小珍珠，螃蟹妈妈一次能抱卵的数量就比较少。通常幼年时在海里长大的螃蟹卵小而多，这样存活的概率较高；在淡水中长大的螃蟹，卵比较大，数量也比较少。

▲海蟹妈妈把成熟的卵释放到海水中。（图片提供／达志影像）

护卵行为比一比

不是所有卵生动物都会护卵，通常产的卵越多，动物爸妈就越不保护卵；产的卵越少，护卵行为就越明显。

守在卵旁边

章鱼妈妈一生只产一次卵，它会找一个安全的石洞，把卵粘在岩石上，一串串的卵看起来像白色的葡萄。章鱼妈妈会不断地对卵喷水，水流带来的大量氧气能让卵长大。护卵期间章鱼妈妈全天候守在卵旁边，不吃任何东西，因此小章鱼孵化后，章鱼妈妈也就死了。依照品种的不同，章鱼妈妈的护卵时间从几个月到几年都有，目前已知的最长的护卵时间是4年多。

假装受伤引走敌人

小环颈鸻喜欢在草地、河床等平地筑巢，所以容易被敌人接近。为了保护蛋和雏鸟，敌人靠近时，鸟爸妈会蹲在地上，一边拍翅膀，一边发出叫声，装成受伤飞不起来的样子，引诱敌人转移目标来追自己，再拍拍翅膀飞走，这种行为称为拟伤。

背在背上

　　负子虫的卵必须保持湿润，但又不能一直泡在水里，所以虫妈妈会将卵产在虫爸爸背上。负子虫爸爸平常在水里活动，隔一段时间会浮出水面换气，经过 7 天~14 天，卵就会孵化了。

把卵放在口中

　　有些天竺鲷会把卵含在口中保护。小鱼出生后，在遇到危险时鱼爸妈会把小鱼们含进嘴里，等安全了再把它们吐出来。

（摄影／李文贵）

用身体保护卵

　　黄盾背椿象妈妈会在叶子上产下很多卵，这些卵聚集在一起跟它的身体面积相当。产完卵后，黄盾背椿象妈妈会用整个身体罩住卵，接着就不吃不喝直到卵孵化。椿象妈妈护卵期间，体色会渐渐变淡，以免被天敌发现。

（本页图片提供／达志影像）

为什么水生植物可以生活在水里？

扫码看视频

▲王莲的叶片可长到直径 2 米以上，就像一个大盆子。

　　水生植物指的是生长在水中的植物，包括湖泊、溪流、河川、海洋、沼泽、池塘、水田、沟渠、湿地等地方。水生植物有些生活在水中，有些则生长在水分充足的土壤里。水生植物的种类很多，大小差异也很大，有些品种的叶子有一张大桌子那么大（如王莲），有些品种的叶子像指甲那么小（如浮萍、满江红）。

▲浮萍

有些生长在河口或入海口的水生植物，为了稳固植株不被潮水冲倒，会从茎上长出向下生长的支持根伸入土里（如水笔仔）。还有一些水生植物为了吸收更多的空气，会生长出钻出地面的根（如海茄冬）。

▲荷花的地下茎——莲藕

由于生长在多水的环境里，所以水生植物并不缺水，但是水里的空气稀少，也不容易晒到阳光，为了适应水中的环境，水生植物在构造上与陆生植物有很大的不同。像有些水生植物的茎内有气室可以储存空气（如荷花的地下茎——莲藕）；有些水生植物的叶柄或叶背会膨大成浮水囊，既可以贮存空气又可以增加浮力，方便在水上漂浮（如布袋莲、水鳖等）；有些水生植物没有根，由叶子演变成细细的胡须状变态叶来吸取养分（如槐叶苹）。

▲水笔仔

▲布袋莲

41

水生植物和人类的关系非常密切。我们平常吃的食物中，就有许多是水生植物，像水稻、莲藕、空心菜、茭白、菱角等等。水生植物在生态环境中更是一个非常重要的角色，一处沼泽有了水生植物后，许多昆虫就会来到这里栖息、产卵。鸟类也会飞来觅食，吃虫和水生植物。鸟儿到处飞来飞去，就会带来其他地方的种子，这个地方的植物种类就会越来越多，也就会吸引多种多样的动物来此栖息。环境更多样化，整个生态系统也就能生生不息地循环下去。

水生植物比一比

大自然比一比

	特性	整株植株完全沉浸在水中（有些植物的花朵绽放在水面上）
	叶形	叶片大多细细长长，呈线状或长条状
	代表植物	水蕴草、水筛

（摄影／郑元春）

	特性	从水底挺出茎节和叶片
	叶形	有些会在水面下长沉水叶，形状与水面上的叶片不太一样
	代表植物	荷花、水稻、香蒲、南国田字草

水生植物依据生长习性、叶片形态以及与水面的关系位置，可以分成四种类型，让我们一起来认识吧。

沉水型（水筛）

浮叶型（萍蓬草）

特性　叶片平贴在水面上

叶形　叶片大多是宽大的圆形或椭圆形

代表植物　睡莲、萍蓬草、小莕菜、菱角

挺水型（荷花）

漂浮型（槐叶苹）

特性　根不固定在土里，植株漂浮在水面，随着水漂流

叶形　变态叶，植株较小，繁殖力惊人

代表植物　满江红、紫萍、布袋莲、浮萍、水鳖、槐叶苹

扫码看视频

（本页图片提供／达志影像）

红娘华是一种水栖的肉食性昆虫，长得有点像迷你蝎子，它不像鱼一样用鳃呼吸，却能在水面下活动。为什么红娘华可以在水里呼吸呢？

红娘华的腹部末端有一根长长的管子，这根管子就像人类浮潜用的呼吸管，每隔一段时间，它就把呼吸管露出水面来换气。红娘华的呼吸管又细又长，有时会不小心折断，如果呼吸管因为折断而变短，红娘华就得到浅一点的水域生活，但还是可以照常呼吸。冬天时，红娘华常钻入土里，只露出呼吸管，不吃不喝地过冬。

▲ 红娘华把呼吸管露出水面换气。

▲有些红娘华的呼吸管可以分成两半，变成两条半圆形的管子，互相摩擦就能把呼吸管里的脏东西清出来。

▼红娘华用口器吸食猎物的体液。

红娘华喜欢吃小鱼、蝌蚪等小型动物。因为不擅长游泳，所以捕猎时它采取守株待兔的方式，一动也不动地等待猎物靠近。等猎物到了面前，红娘华才迅速挥出像镰刀一样的前脚，紧紧抓住猎物，接着用尖尖的口器注入消化液，把猎物消化成液体后再吸食。

水生昆虫比一比

成长过程中有任何一个阶段在水中生活的昆虫，都称为水生昆虫。有些水生昆虫从幼虫到成虫都在水中（或水面）生活，如水黾（mǐn）、仰泳椿；有些水生昆虫幼时在水里，长大后就离水生活，如石蚕、水虿（chài）。这些水生昆虫有什么特别的地方呢？

（摄影／萧一真）

水黾

水黾是一种水生椿象，常成群生活在静止的水域。它的脚长满纤毛，能站在水面上，用中间两只特别长的脚来划水。水黾能感应到水面细微的震动，一旦有猎物掉到水里，水黾就会飞快地"滑"过去，用口器吸食猎物的体液。

仰泳椿

又称松藻虫，也是椿象的一种，最大的特征是在水面下仰躺着划水。它用腹部的气孔呼吸，并把翅膀盖在腹部上，以保留住空气。它两只长长的后脚像船桨，前面四只脚则缩在胸前，随时准备捕捉猎物，主食是蚊子的幼虫——孑孓（jié jué）。

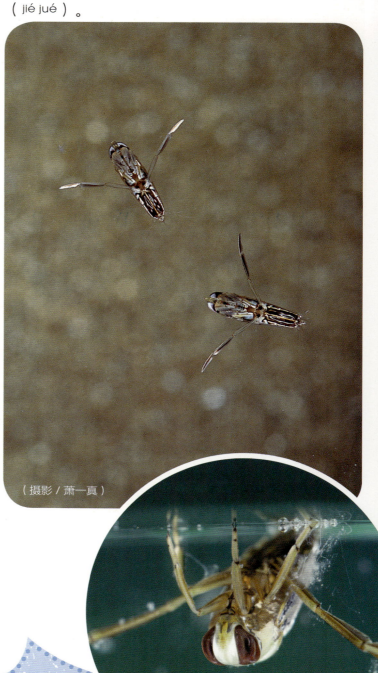

（摄影／萧一真）

石蚕

又称石蚕蛾，是石蛾的幼虫。石蚕在水底生活，喜欢吸食植物汁液，有时也吃其他生物的尸体。它们会吐丝做一个小管子，把砂石、贝壳等粘在上面，造出一个具有保护和伪装功能的鞘，并像寄居蟹一样带着鞘移动。

（本页图片提供／达志影像）

水蚤

水虿是蜻蜓的幼虫，常常躲在水中的泥沙里，捕猎小鱼虾和虫子。它有折叠式的口器，能瞬间弹出，并用末端的锯齿状构造抓住猎物，是凶猛的肉食性昆虫。水虿要经过 8 次~14 次的蜕皮，才爬出水中，羽化成有翅膀的成虫。（摄影／萧一真）

图书在版编目（CIP）数据

探秘水边 / 王元容，张涵易，何佳芬著；陈振丰摄影. — 福州：福建少年儿童出版社，2018.12
（大自然为什么）
ISBN 978-7-5395-6632-0

Ⅰ.①探… Ⅱ.①王… ②张… ③何… ④陈… Ⅲ.①自然科学 - 儿童读物 Ⅳ.① N49

中国版本图书馆 CIP 数据核字 (2018) 第 237460 号

著作权合同登记号：13-2017-75
本书中文简体字版由亲亲文化事业有限公司授权出版

大自然为什么
探秘水边
TANMI SHUIBIAN

文 / 王元容　张涵易　何佳芬　摄影 / 陈振丰
出版人 / 陈远　总策划 / 杨佃青　金海燕　执行策划 / 黄艳彬
责任编辑 / 陈婧　黄艳彬　美术编辑 / 郑楚楚　霍霞　助理编辑 / 陈佳
出版发行：福建少年儿童出版社
http://www.fjcp.com　e-mail:fcph@fjcp.com
社址：福州市东水路 76 号　邮编：350001
经销：福建新华发行（集团）有限责任公司
印刷：福州德安彩色印刷有限公司
地址：福州市金山浦上工业区标准厂房 B 区 42 幢
开本：889 毫米 ×1194 毫米　1/12
印张：4
印数：1—5000
版次：2018 年 12 月第 1 版
印次：2018 年 12 月第 1 次印刷
ISBN 978-7-5395-6632-0
定价：45.00 元